LAS
PLACAS TECTÓNICAS
NO EXISTEN

LAS
PLACAS TECTÓNICAS
NO EXISTEN

y otras afirmaciones heréticas...

Francisco J. Madrigal

Número de Control de la Biblioteca del Congreso de EE. UU.:   2012911066
ISBN: Tapa Blanda   978-1-4633-3197-9
                 Libro Electrónico   978-1-4633-3196-2

Para pedidos de copias adicionales de este libro, por favor contacte con:
Palibrio
1663 Liberty Drive
Suite 200
Bloomington, IN 47403
Llamadas desde los EE.UU. 877.407.5847
Llamadas internacionales +1.812.671.9757
Fax: +1.812.355.1576
ventas@palibrio.com
417112

Dedicado con admiración y afecto al
Sr. Lic. Felipe Calderón H.
Presidente de México

INTRODUCCIÓN

Éste no es un libro de ciencia-ficción.

Si bien el plato fuerte es el tema de las Placas Tectónicas, les ofrezco otros dos temas igualmente controversiales: "El Río Colorado no hizo al Gran Cañón" y "Al Valle de Yosemite no lo Hizo un Glaciar"

Stefan Sweigh, en la introducción de su fabuloso libro "Magallanes", menciona que: "Los libros pueden tener su origen en los más variados sentimientos, el afán de lucro, la complacencia en sí mismo". Igualmente reclama que: "Los escritores deberían mencionar los sentimientos o apetitos personales que les motiva a escoger el asunto de cada una de sus obras".

Me parece muy válido este reclamo, y más en mi caso, en que parece que ni yo mismo puedo darme cuenta de cuál es mi objetivo. Sin embargo, puedo asegurar que definitivamente no me mueve la codicia, pero mentiría si dijera que no me impulsa la vanidad, la obtención de la fama. Díganme a quién no le gustaría estar en el lugar de Einstein, de Leonardo da Vinci, de Cristóbal Colón. Pero analizando fría y objetivamente las posibilidades, tal vez la pregunta más adecuada sería: ¿Cuál es el lugar que me va a corresponder a mí después de escribir este libro? Tal vez el olvido, el escarnio, el ostracismo.

No obstante, algo más que la fama y la vanidad, me motiva sacar a la luz una información que ha estado a la vista de todos y que, sin embargo, se ha mantenido oculta, camuflada por un velo poderoso y abstracto llamado "erosión".

Algunos de los lectores de mi primer libro, que titulé "El Río Colorado no hizo al Gran Cañón" y que después supe que no es libro sino que es "ensayo", dijeron que la obra les pareció "interesante". Tal vez fue una forma eufemística de decir que no les interesó. Algunos sí prefirieron decir abiertamente que no estaban de acuerdo con mi teoría. Alguien más sugirió que mi libro podría pasar a la historia como un interesante libro de ciencia-ficción. Afortunadamente, al menos, dos personas dijeron que mi teoría no lucía tan descabellada. Siempre preferí una opinión en contra a una opinión ambivalente.

Gracias a la colaboración de una buena amiga que recomendó mi libro con algunos personajes de la televisión local pude lograr un par de entrevistas en sendos programas de televisión. Si bien estas dos entrevistas no hicieron que yo vendiera un solo libro del par que llevé al expendio donde se exhibieron y pusieron a la venta bajo consignación, me dieron momentos bastante placenteros por el simple hecho de haber logrado que apareciera yo en la pantalla de los televisores. Después me entero que ninguno de los dos presentadores leyó el libro, aparentemente.

Dentro de mis cavilaciones, pienso que si ostentara yo algún título académico afín a la ciencia geológica, creo que pondría en alto riesgo mi reputación como un estudioso serio del tema, al exponer esta controversial teoría, pero como soy un simple mortal sin más estudios que la educación media básica me siento verdaderamente resguardado de todo efecto dañino de esa naturaleza hacia mi persona.

Igualmente, pienso que al confesar abiertamente cual es mi grado académico, las posibilidades de aceptación de mi teoría se van a ver prácticamente reducidas a cero. Ahora, ¿por qué digo esto...? la respuesta es que difícilmente se puede exponer una teoría si ésta no está sustentada por documentos profesionales y amplia experiencia en la materia, incluso, en muchas ocasiones, científicos connotados tienen enorme dificultad en lograr que sus teorías sean aceptadas.

Definitivamente no le pido clemencia al lector en cuanto a las críticas que pueda emitir sobre mi libro, si hubiera tenido miedo a las críticas ni remotamente hubiera puesto un dedo en el teclado. Estoy totalmente consciente de que mi escrito adolece de muchas buenas características que hacen de una obra literaria, al menos, un libro regular.

Ahora me doy cuenta de la dificultad que tuvieron nuestros antepasados para lograr que se aceptara el concepto de la Tierra redonda en lugar de una Tierra plana. En cuanto a mi teoría o afirmación, yo mismo tuve muchas dificultades para aceptar lo que yo mismo estaba afirmando, y puedo adivinar una férrea y cerrada oposición por parte de los académicos y los expertos, pero al final, estoy seguro que en algún lugar, algún día, alguien murmurará para sus adentros "this S.O.B. is right..." y una vez más será confirmado algo que ha sido demostrado en numerosos experimentos psicológicos, y es que la gente tiende a ignorar las evidencias que contradicen sus ideas. Tal vez podamos registrar una nueva ley que diga que nuestra resistencia a aceptar una nueva teoría es directamente proporcional a la factibilidad de la misma. Quién sabe... así que, aquí voy...

CAPÍTULO 1

No puedo decir que éste sea una continuación de mi anterior libro, más bien, es una edición corregida y aumentada, corregida en cuanto a dos errores tipográficos y aumentada en cuanto a los acontecimientos desde la publicación del libro, y otros elementos más que agregué, para una mejor comprensión de mi teoría sobre la formación del Gran Cañón.

Normalmente, cuando asistimos a una conferencia, así pueda costar cientos de dólares la inscripción, nos damos cuenta que todo lo expresado por el expositor ya lo sabemos, de cualquier forma, es posible que tan solo una frase, una marca, un proceso, una herramienta, o algo aparentemente insignificante que el expositor nos muestre o nos diga, sea suficiente para hacernos sentir que la asistencia valió la pena. Este libro refleja eso precisamente; todo el contenido de importancia no ha de llenar tres páginas del mismo, no obstante, puedo asegurarles que su lectura les restituirá lo que ustedes hayan podido pagar por él.

Decir que El Rio Colorado no hizo al Gran Cañón es, a todas luces, una afirmación herética, ya que va en contra de la teoría casi universalmente aceptada. De acuerdo al diccionario la definición de "herético" es, entre otras cosas: disparate o acción desacertada.

La primera vez que posé la mirada en una imagen del Gran Cañón no me causó una impresión digna de tomarse en cuenta. Eran dos fotografías a color que se mostraban en las páginas interiores de una revista. Una de esas fotografías mostraba a un grupo de exploradores sobre una lancha inflable tratando afanosamente de sortear las dificultades que les presentaban unos rápidos, que a juzgar por las imágenes de los rostros de los remeros, disfrutaban enormemente los peligros que éstos les hacían padecer. En la otra fotografía estaba un grupo de turistas contemplando un atardecer rojizo y con la inmensidad del cañón ante sus ojos. Esta segunda foto es la que mostraba una perspectiva más precisa de las dimensiones reales del Gran Cañón. Era un panorama que no me decía absolutamente nada, como no fuera que podía yo percibir cierta peculiaridad arrobadora.

El texto que acompañaba a las fotografías hacía mención de la fuerza erosiva del río, y cómo, de acuerdo a la teoría tradicional, el Río Colorado fue el arquitecto del Gran Cañón.

A mis diez años de edad, toda esa historia del río sobre el cañón me tenía totalmente sin cuidado. Sin embargo, aún cuando yo no le prestaba mucha atención, algo me decía que esa teoría estaba equivocada. Había algo que no me dejaba aceptar, del todo, lo que ahí se decía. Pero, a pesar de la indiferencia con la que veía y leía el texto, algo en mi interior me hacía retomar la mirada hacia las fotos y el texto. Mi duda no se la puedo atribuir a ningún aviso divino ni a mensajes de extraterrestres, sólo digo que me parecía una duda razonable lo que hacía que me apartara de las opiniones de expertos reconocidos en la ciencia geológica. ¡Expertos reconocidos, no simples improvisados! ¡Y la ciencia geológica…! algo que en ese entonces ni siquiera sabía que existía.

Me decía a mí mismo que debía estar loco para contradecir a los expertos; a los estudiosos. ¡Qué podía yo decir nada a nadie sobre nada, si ni siquiera podía yo escribir bien mi nombre y saber cuántos eran dos más dos!

Tuvieron que pasar varias décadas para que yo tuviera otra oportunidad de afianzar o desechar mis ideas descabelladas, y fue hace menos de un año que vi proyectada en el monitor de mi computadora la imagen del Gran Cañón. Hurgando en el internet me sumergí descuidadamente en una de tantas páginas que casi sin motivo aparente surgen de forma repentina; de pronto, ahí estaba, ante mí, enorme, y al mismo tiempo tan pequeño, tan manejable, tan dócil. Podía recorrerlo de cabo a rabo en un santiamén, aunque igual podía revisarlo tan lenta y sosegadamente como un arqueólogo analiza una frágil y antigua pieza de cerámica. Podía alejarme hasta perderlo de vista y podía acercarme hasta casi tocarlo. No tenía yo que gastar ni un solo céntimo para contemplarlo y preguntarme por qué no creía yo en la teoría del río construyendo al Gran Cañón, construyéndolo en nada menos que durante cinco o seis millones de años, no tenía nada de malo aceptar esa teoría.

Casualmente, por las fechas en que estaba empezando a ver las imágenes en la computadora, se transmitieron unos programas televisivos relacionados con la historia de la Tierra. Un programa entero fue dedicado al Gran Cañón. Como de costumbre, las teorías continuaban siendo prácticamente las mismas, aunque una de ellas con algunas pequeñas variantes.

Al ver yo estos programas de televisión, con todos los pormenores y las explicaciones de la teoría del río desgajando, horadando, rompiendo y taladrando la corteza de la tierra para formar al Gran Cañón, hacían que mi mente saltara frenéticamente de un pensamiento a otro. Ahora era como si algo se hubiese dado vuelta para que mi punto de vista se alterara por completo. Me sentía como un alpinista que se encuentra atrapado en una tarde gélida y pendiente de una cuerda, sin saber cuál puede ser la mejor decisión, subir, bajar o instalar el refugio. Naturalmente, todo este ir y venir de ideas encontradas, no era ningún asunto de vida o muerte como lo podría constituir para el alpinista;

era solo la decisión para enfrentar un reto personal, totalmente inocuo, aunque en ese momento yo no lo percibía de esa forma.

Escuché y vi el programa de la Historia de la Tierra con mucha atención. El programa seguía hablando del río como fuente clave de la erosión del terreno para formar al Gran Cañón.

Me di cuenta que yo tenía una gran ventaja al contar con las imágenes que se encontraban en mi computadora. Aunque, igualmente, me daba cuenta de que muchas otras, tal vez cientos de miles, o millones, de otras personas, podrían estar viendo lo mismo que yo. Y yo mismo no podía concebir la idea de que otros no se hubieran percatado de lo que las imágenes transmitían para echar por tierra la teoría del río socavando al cañón. Incluso sentía yo cierta compasión por todos los demás que no percibían lo que yo estaba viendo.

No obstante, al mismo tiempo sentía compasión por mí mismo. No podía comprender cómo era que yo pudiera ser el único que percibía las imágenes de esa manera y que al mismo tiempo pudiera estar rotundamente equivocado. Debido a mi, prácticamente, total carencia de talento literario, un día le propuse a un buen amigo, que posee una excelente ortografía y redacción, si quería ser mi socio en la elaboración del libro; sin saber aún el tema aceptó gustoso la propuesta, mencionando que no es muy común tener un amigo que haya escrito un libro, pero tan pronto leyó las primeras páginas y vio de lo que se trataba volteó hacia mí y preguntó en tono casi molesto: "Bueno…, y por qué tú…" Algo que, la verdad, no supe responder, por qué yo… y es una pregunta que todavía yo mismo me hago, por qué yo.

Y no puedo negar que me siento como un predestinado, tan seguro estoy de lo que estoy diciendo, aunque yo mismo no crea en el destino.

Debo contarle a los lectores que las tres fuentes decisivas, y tal vez únicas, de información, que influyeron para la realización de esta obra fueron: Google Earth, Wikipedia y History Channel. De estas tres fuentes, si debo elegir cuál fue la fundamental, debo decidirme por Google Earth.

Wikipedia aportó muchísima información, me siento en deuda con ella pues, en contraposición a lo mucho que ella me ha brindado, yo no he hecho ninguna aportación económica para su sostenimiento; en cuanto disponga de un poco de dinero, definitiva, rápida y gustosamente lo haré.

History Channel me ha brindado muchísima información importante que he visto por medio de sus programas de televisión.

No tengo la menor idea a qué obstáculos se enfrentan los escritores, pero yo he tenido que hacer y deshacer 18 borradores. En fin, no tengo absolutamente nada que perder. Lo que voy a gastar en costear yo mismo la primera edición de este libro –y tal vez la última- me parece una minucia por la satisfacción de haberlo terminado.

Como podrán ustedes deducirlo, para obtener y analizar los datos que expongo en este libro no he tenido que moverme más allá de mi escritorio ni de mi pequeña biblioteca, que consta más que nada de algunos textos técnicos y alguna que otra novela. En la realización de este libro no ha intervenido ninguna ecuación de geometría no euclidiana ni de física cuántica. Por otra parte, también debo aclarar que el lugar más cercano que he estado del Gran Cañón, ha sido la ciudad de Tucson, en Arizona, hace ya más de 15 años, y sólo por motivos vacacionales.

Inicialmente, sólo intentaba tratar el tema del Rio Colorado. No tenía una idea definida de qué iba a escribir ni cómo lo iba a escribir. Sin embargo, a medida que lo iba haciendo, las ideas se iban aclarando y fluyendo casi a torrentes. Así fue como de pronto surgió el tema del Valle de Yosemite, este tema apareció como consecuencia de haber visto otro programa en la televisión sobre la teoría de la formación del

Valle. Posteriormente, y no puedo recordar el motivo, salió el asunto de las Placas Tectónicas.

Dicen que todos los investigadores e inventores sufren de ataques de paranoia, siempre pensando que alguien más está siguiendo sus investigaciones o invenciones, o que incluso alguien les puede estar adivinando el pensamiento. Yo no fui la excepción. Cuando en enero de 2010 hice la primera afirmación en el foro de preguntas y respuestas de Yahoo, pensando que había cometido una gran indiscreción, me arrepentí casi instantáneamente y me supuse que se desataría una ola de comentarios por todo el mundo pregonando ser los primeros en descubrir el origen de la formación del Gran Cañón del Colorado. El resultado es que nada sucedió, como ustedes bien saben.

Al principio, ni siquiera a mi familia le había comentado el que yo estuviera escribiendo un libro. La verdad es que me parecía tan irreal… y aún me parece.

Poco a poco fui perdiendo el temor y empecé a contarle a algunos de mis amigos mi intención de escribir un libro, o que incluso que ya lo llevaba con cierto avance. A mis espaldas me juzgaban de loco, o al menos, de mentiroso.

Sólo a unos pocos les conté a medias cuál iba a ser el tema, ya que el ataque de paranoia persistía. En realidad, una de las cosas que más trabajo me ha costado, es prolongar o alargar los temas lo suficiente como para que los lectores no se vayan a sentir defraudados o engañados por un libro con muy pocas páginas. Si bien trataré de explicar lo mejor posible los temas para que los lectores tengan una idea medianamente definida acerca de lo que estoy hablando. Algunos de ustedes tal vez observen que este libro está "ordenado" como si al final de escribirlo hubiera lanzado las hojas al viento y las hubiera acomodado en forma desordenada, tal como se refirieron a una novela de Juan Rulfo. Esto es porque, si no lo hago así, tal vez nunca termine de escribirlo, y de una manera u otra mi deseo es terminarlo.

Tampoco tenía yo pensado incluir ningún dibujo o figura, dado el poco presupuesto de que dispongo, pero me parece que va a ser muy necesario y que tal vez sea lo recomendable, sin importar que la fecha de edición del libro tenga que prolongarse.

Se dice que el libro "El Origen de las Especies", que escribió el naturalista británico Charles Darwin, se agotó el primer día de la edición, yo solo espero que la edición de mi libro no me deje agotado anímica ni económicamente.

Volviendo a mis primeras observaciones, a medida que veía las imágenes en el monitor de la computadora se me agolpaba todo un cúmulo de ideas en mi pobre y atormentado cerebro y me trajo a la memoria la historia de un personaje, un científico él, cuyo nombre por desgracia escapa a mis recuerdos, que expuso ante la Real Sociedad Científica, la primera, la incipiente Teoría de la Relatividad, antes que Einstein. La respuesta que obtuvo después de exponer su novedosa teoría fueron las burlas y el escarnio de sus colegas. Dicha reacción burlesca e insultante lo lastimó y lo humilló tanto que lo indujo a tomar el camino trágico y doloroso del suicidio.

No creo, sinceramente, que yo vaya a cometer suicidio alguno si mis opiniones no son tomadas en cuenta. En todo caso, mi teoría o mis afirmaciones no tienen más que un trabajo de observación y análisis bastante simple; mera deducción lógica. Obviamente, deducción lógica que no pudiera ser muy coherente para algunas personas, y sobre todo, para las más expertas. Por supuesto que no puedo forzar a nadie a que vea las mismas cosas absurdas que yo veo, para empezar.

De cualquier forma, un personaje experto en geología, entrevistado en el programa de History Channel, dijo que "tal vez nunca sepamos el verdadero origen del Gran Cañón". Ni qué dudar que dicha frase nos da un margen muy amplio para aceptar otras posibilidades y permitirnos pensar que la teoría del río erosionando al Gran Cañón puede tener serios cuestionamientos.

De ninguna manera me gustaría que mis teorías o mis opiniones se escucharan ofensivas, tengo la ligera sospecha de que así podría suceder. Aprecio y reconozco el esfuerzo que hacen los científicos y los expertos para desentrañar los misterios de nuestros orígenes, los de la Tierra y los del Universo.

Como les comentaba, en un principio no tenía yo la más mínima intención de escribir libro alguno. Mis insensatas intenciones me llevaban sólo a debatir mis ideas absurdas en algún foro del internet o algo por el estilo. Simplemente intentaba exponer mis ideas y mis observaciones. Es por eso que en una ocasión formulé la siguiente pregunta en uno de esos foros, en "Preguntas Yahoo" /ciencias/geología; más específicamente. Esta pregunta ahí la pueden ver, con mi nombre de usuario "jamah01". Hice esta misma pregunta tanto en inglés como en español.

La pregunta en inglés fue la siguiente:

(La fecha fue aproximadamente en Enero de 2010)

(Nótese que escribí mal el nombre, "Great" Canyon en lugar de "Grand" Canyon).

Pregunta:

The Colorado River made the *Great* Canyon or *Great* Canyon made the Colorado River? Geography books state that

Colorado River made the *Great* Canyon, but I think is the other way.

I am still not convinced that Colorado River made the Canyon, no matter what the books state.

(*¿El Río Colorado hizo al Gran Cañón o El Gran Cañón hizo al Rio Colorado?*

Los libros de Geografía dicen que el Rio Colorado hizo al Gran Cañón, pero yo digo que fue al revés. Aún no estoy convencido de que el Río Colorado haya hecho al Gran Cañón, no importa lo que los libros digan).

Tal es la traducción de la pregunta.

Las respuestas son como siguen:

(Los nombres de usuarios han sido cambiados, pues es posible que no les agrade verse aquí)

Respuesta 1:

by xtlios
books are right… you are wrong

(*Los libros están bien, tú estás mal*)

Respuesta 2:

No, the geography book is right. The Grand Canyon started out as flat land, but over millions of years the river eroded it until the canyon looked like it does today. A million years from now, the Grand Canyon will be even steeper.

(No, los libros de geografía están correctos. El Gran Cañón se inició como una tierra plana, pero al pasar millones de años el río la erosionó hasta que el cañón luce como ahora. Un millón de años después de hoy, el Gran Cañón estará incluso más inclinado).

Respuesta 3:
by fun☐in☐t

The river created the Grand Canyon. The grand canyon began as small particles of sand and ended up as huge bulks and massed of sedimentary rock, which is formed by the cementing together of common earth materials such as clay, sand, pebbles and cobbles by water. The water and the particles created its own "glue" therefore, making the huge rocks that took around 2 billion years to create.

(El río creó al Gran Cañón. El Gran Cañón empezó como unas partículas pequeñas y terminó como un gran montón y masa de rocas sedimentarias, las cuales se formaron al ser cementados juntos por el agua, los materiales de la tierra, tales como: arcilla, arena, guijarros y gravilla. El agua y las partículas crearon, su

propio "pegamento", formando, por lo tanto las enormes rocas que se llevó 2 mil millones de años en crear).

Creo que en este momento debí haber cambiado de parecer.

En seguida les mostraré a ustedes la pregunta que hice en español con respecto a la formación del Gran Cañón y las respuestas que me enviaron.

PREGUNTA:

¿El Río Colorado hizo al Gran Cañón o el Gran Cañón hizo al Río Colorado?
Aún cuando los libros dicen que el río hizo al cañón yo puedo apostar que fue al revés.
Anoten por favor que yo fui el primero que lo dijo.

(Hoy, todavía sigo pensando que mi pregunta fue bastante altanera)

RESPUESTA 1:
En la gran tormenta o diluvio se hizo el Cañón del Colorado y después se formó el río cuando terminó la gran tormenta de lodo piedras y animales muertos se quedó el espacio que ocupa el río del Gran Cañón.

RESPUESTA 2:

¡Hola!

El río hizo al Gran Cañón a causa de la erosión, espero te sirva.
¡Bye, saludos!

RESPUESTA 3:

Usuario: Inge. Daniel

¿Cómo que el cañón hizo al río? eso no tiene sentido. Te recuerdo
que el Río Colorado erosionó poco a poco a la roca. Al erosionarla,
ésta se desintegra dejando a su paso en el Gran Cañón toda esa
roca desintegrada. Lleva, río abajo hasta el mar, toda esa basura
o roca molida y va moliendo cada vez más como una lija el fondo
del río y por lo tanto el río hace más profundo cada día al Gran
Cañón. Claro que para esto pasaron cientos de años y esto sucede
en todas partes del mundo el Gran Cañón no es el único que se
originó a causa de un río.

Fuentes: Clases de geología.

RESPUESTA 4.

Según mis estudios el Río Colorado fue el que hizo al Gran Cañón
del Colorado debido a la erosión que ocasionó el cauce, pero eso
no fue de ayer para hoy, sino tiene mucho tiempo, que en escala
geológica es muy poco (tres millones de años).

RESPUESTA 5.

Según la Discovery Science, dice que el Gran Cañón se formó por la erosión producida por el Río Colorado, pero con la última era del hielo esta erosión se incrementó de una manera considerable, así que, "brother", de dónde sacas que el cañón hizo al río ya que el río viene de zonas más distantes, que además, para que veas que estás equivocado, sólo revisa dónde se inicia el río y verás que no existe la gran depresión que se ve aguas abajo. Te recomiendo que uses el Google Earth para que chequees su inicio y salgas de tus dudas por ti mismo.

RESPUESTA 6.

No creo que el cañón haya hecho al río... normalmente los cañones FUERON ríos.

Como podrán ustedes darse cuenta, no hubo absolutamente nadie que estuviera de acuerdo conmigo. Me dio la impresión de que algunos de ellos me contestaron hasta maternalmente, con dulzura, con indulgencia, como perdonando a ultranza mi irracionalidad y mi insensatez, si bien otros lo hicieron con cierta molestia comprensible.

En realidad, en este juego de preguntas y respuestas no me sorprendió en absoluto que nadie estuviera de acuerdo conmigo.

EL GRAN CAÑÓN DEL COLORADO
LA TEORÍA TRADICIONAL

Es posible que tengan ustedes algún conocimiento sobre alguno de los temas, sin embargo, aquí les expongo algunos datos que creo les podrán ser de utilidad.

Las enciclopedias, los libros de geografía y las escuelas nos dicen que El Gran Cañón del Colorado es una vistosa y escarpada garganta excavada por el río Colorado en el norte de Arizona, Estados Unidos, incluso, se le expone como el máximo ejemplo de un cañón producido por la erosión. El Cañón está considerado como una de las maravillas naturales del mundo y está situado en su mayor parte dentro del Parque Nacional del Gran Cañón (uno de los primeros Parques Naturales de los Estados Unidos). El presidente Theodore Roosevelt fue el mayor promotor del área del Gran Cañón, visitándolo en numerosas ocasiones para cazar pumas o para gozar del impresionante paisaje.

El Gran Cañón tiene unos 446 km de longitud, cuenta con cordilleras de entre 6 a 29 km de anchura y alcanza profundidades de más de 1,600 m. Cerca de 2,000 millones de años de la historia de la Tierra han quedado expuestos mientras el río Colorado y sus tributarios o afluentes cortaban capa tras capa de sedimento al mismo tiempo que la meseta del Colorado se elevaba.

El Gran Cañón es muy profundo; en algunos lugares supera el kilómetro y medio de profundidad. Con 446 kilómetros de longitud, corta la meseta del Colorado sacando a la luz estratos paleozoicos. Los estratos aparecen gradualmente desde Lee's Ferry (punto oficial de comienzo del Gran Cañón) hasta Phantom Ranch. El cañón termina en la zona donde el río cruza el Grand Wash Fault (cerca del lago Mead).

La orogénesis, (*según menciona la teoría*), provocada por las placas tectónicas, causó el nacimiento de las montañas Rocosas así como la formación de la meseta del Colorado, elevando varios kilómetros las diversas capas de sedimentos. La mayor elevación ha dado lugar a mayores precipitaciones en la cuenca de drenaje del río Colorado, pero no lo suficiente como para que el Gran Cañón deje de ser una zona semiárida.

La elevación de la meseta del Colorado es desigual. Como resultado, el borde norte (*North Rim*) del Gran Cañón está situado 300 metros por encima del borde sur (*South Rim*). El hecho de que el río Colorado discurra más cerca del *South Rim* se explica debido a esta elevación asimétrica. Casi toda la escorrentía desde la meseta detrás del borde norte (el cual recoge más lluvia y nieve) discurre hacia el Gran Cañón, mientras que la mayor parte de la escorrentía sobre la meseta detrás del borde sur discurre lejos del Cañón (siguiendo la inclinación predominante). El resultado es una mayor erosión y por lo tanto un mayor ensanchamiento del cañón y los cañones tributarios situados al norte del río Colorado.

Las temperaturas en el *North Rim* son generalmente menores que en el *South Rim* debido a la mayor elevación (2,483 m sobre el nivel del mar). Las grandes nevadas son comunes durante los meses de invierno. El borde sur tiene mejores servicios para el turismo y las vistas panorámicas que hacen famoso al Gran Cañón.

Geología

Artículo principal: Geología del área del Gran Cañón

La mayor parte de las rocas sedimentarias que se pueden observar en el Gran Cañón van desde los 2,000 millones de años de antigüedad de los esquistos situados en el fondo del *Inner George* hasta los 230 millones de años de las viejas piedras calizas de 'Kaibab'. La mayor parte de los estratos fueron depositados en los mares cálidos poco profundos en la zona cercana a la costa y en los pantanos costeros que formaba el mar en los repetidos avances y retiradas de la costa. La mayor excepción es la piedra arenisca de Coconino que fue depositada del mismo modo que las dunas en el desierto.

La gran profundidad del Gran Cañón y especialmente la altura de sus estratos (muchos de los cuales se formaron debajo del nivel del mar) se puede atribuir a los 1,500-3,000 m de elevación de la meseta del Colorado, elevación que comenzó a producirse hace cerca de 65 millones de años; esta elevación se produjo en diferentes etapas más que en un proceso continuo. El proceso de elevación aumentó el gradiente de la corriente del río Colorado y sus tributarios, aumentando así su velocidad y su capacidad para atravesar la roca.

El área de drenaje del río Colorado (del cual forma parte el Cañón del Colorado) se formó hace 40 millones de años, mientras que el Gran Cañón tiene probablemente menos de seis millones de años de antigüedad (teniendo lugar la mayor parte del proceso erosivo en los últimos dos millones de años). El resultado de esta erosión son unas de las más completas columnas geológicas del planeta. El río sigue en la actualidad erosionando activamente su cauce, sacando a la luz rocas cada vez más antiguas.

Las condiciones climatológicas de mayor humedad que se dieron durante las glaciaciones incrementaron la cantidad de agua recogida por el área de drenaje del río Colorado. La consecuencia fue que el río aumentó la velocidad y profundidad de su proceso erosivo durante estas épocas.

Hace 5.3 millones de años el nivel base (punto más bajo del río) y el curso del río Colorado (o su ancestro geológico) cambiaron cuando se abrió el golfo de California y descendió el nivel base del río. Esto incrementó la velocidad de erosión de tal forma que casi la totalidad de la actual profundidad del Gran Cañón se alcanzó hace 1.2 millones de años. Las paredes colgantes del cañón fueron creadas por la erosión diferencial.

Hace un millón de años la actividad volcánica (principalmente cerca del área oeste del cañón) depositó cenizas y lava sobre el área, materiales que incluso llegaron a producir presas naturales sobre el Colorado. Éstas son las rocas más jóvenes del parque.

Con el actual gradiente de corriente, el río Colorado podría profundizar otros 370 a 600 metros en la roca antes de alcanzar el nivel base.

Historia humana

La cultura del desierto

Poco se sabe acerca de los pueblos que vivieron en el oeste de Norteamérica entre hace 9,000 y 3,000 años. Los primeros signos de vida humana en el Gran Cañón pertenecen a esa época. Las dataciones mediante Carbono-14 de pequeñas ramas de sauce representando animales establecen que los restos encontrados son anteriores a 3,000 años. Los habitantes del desierto eran cazadores y recolectores. Los primeros europeos que encontraron evidencias de estas actividades fueron Frazier, Eddy y Hatch, en una expedición en 1934.

Los pueblos ancestrales o Anasazi

La ocupación de los pueblos ancestrales en el Gran Cañón se produjo principalmente en *Cañón Nankoweap*, el *Delta Unkar* y el *Bright Angel Site*. Los Haskiri fueron el último pueblo indígena en salir de allí.

El pueblo

El descubrimiento y asentamiento europeo

La exploración española

Fue descubierto por la expedición de Francisco Vázquez de Coronado. El primer europeo que contempló el Gran Cañón del Colorado fue García López de Cárdenas en 1540, que al mando de un puñado de hombres partió desde la población indígena que los españoles llamaron Quivira, pueblo habitado por los indios Zuñi y supuestamente una de las siete ciudades de oro del reino de Cíbola, pueblo del cual actualmente se ignora su ubicación ya que los historiadores difieren sobre ello; algunos ubican Quivira en Nuevo México, en tanto otros piensan que estaba en Kansas. No debemos confundirla con una población ubicada en Nuevo México que expedicionarios españoles llamaron alrededor del año 1600 *Pueblo de las Humanas* y posteriormente fue conocida como Gran Quivira.

En Quivira se encontraba parte de la expedición comandada por Vázquez de Coronado con treinta hombres, y se comisionó a García López junto con un puñado de hombres para encontrar un río del cual los indios Hopi les habían hablado, para lo cual se le concedieron 80 días para que fuera y regresara.

Después de 20 días de viaje exploratorio encontraron el Gran Cañón del Colorado; sin embargo, no pudieron bajar hasta el río para abastecerse de agua, y después de varios intentos para descender empezaron a tener problemas de agua para beber, por lo cual decidieron regresar.

Días después sería Fernando de Alarcón (quien participaba en el viaje de exploración pero por vía marítima) el primer europeo en tocar y navegar las aguas del Río Colorado, pero a cientos de kilómetros del Gran Cañón. Es necesario resaltar que quien descubrió el Río Colorado fue Francisco de Ulloa el 28 de septiembre de 1539, tomando posesión de la desembocadura del río (la nombró Ancón de San Andrés), en beneficio de la Corona Española, sin navegar aguas arriba como lo hizo Fernando de Alarcón.

La exploración estadounidense

La primera expedición científica fue liderada por el comandante del ejército de los Estados Unidos John Wesley Powell en 1869. Powell se refirió a la roca sedimentaria encontrada en el cañón como "las hojas de un gran libro de historia".

Generalidades

- Altitud: el Río Colorado corre a 2.210 m bajo el borde o ribera sur.

- El borde norte alcanza 2.422 m de altura.
- Ancho: la distancia entre las riberas o bordes norte y sur oscila entre los 16 a 29 km, según el punto del que se mida.
- Altura máxima de garganta: 1.470 m
- Entre la entrada este y la salida oeste el Gran Cañón hay alrededor de 350 km.
- Obtenido de" http://es.wikipedia.org/wiki/Gran Categorías: Desfiladeros | Geografía de Arizona

EL RÍO COLORADO
NO HIZO AL GRAN CAÑÓN

En capítulo del multicitado programa de History Channel se detalla gráficamente cómo, *en teoría*, la fuerte corriente del río va socavando el terreno plano, cual si fuera un gigantesco *bulldozer*.

Otra teoría, que se expone en el programa de la Historia de la Tierra, es la desarrollada por el ingeniero posgraduado de la clase de geología de la Universidad de Arizona, John Douglas. La teoría del Ingeniero Douglas menciona que el área en lo que actualmente ocupa el Gran Cañón era el lecho de un gran lago, sostenido precariamente por un tapón natural, el cual, al desprenderse súbitamente, provocó una fuerte y violenta corriente. Toda la energía liberada de manera repentina por el caudal y la corriente sorprendentemente elevada, provocó lo que ahora es el Gran Cañón, menciona la teoría.

Para sustentar dicha teoría, el ingeniero Douglas desarrolló un experimento frente a las cámaras, en el cual demostraba, supuestamente, su validez teórica. Según parece, esta teoría ha venido a revolucionar un tanto las anteriores tendencias y parece ser que la toman como una de las más acertadas.

Esta teoría del ingeniero Douglas, de que el agua erosionó al terreno al ser desalojada súbitamente, me parece que tiene serias inconsistencias.

Me doy cuenta que el cañón ocupa un lugar que ya había sido, a su vez, otro cañón, sólo que cubierto por el agua, formando un gran lago. Este lago que cubría al antiguo cañón originó que los sedimentos que acarreaba el agua cubrieran las fracturas y dejara una superficie relativamente lisa, lo que constituía el fondo del lago.

Podemos observar que el inicio del cañón en la parte Este existen dos paredes que se van abriendo paulatinamente conforme se avanza hacia el suroeste. En el lugar aproximadamente donde se encuentra el Glen Canyon, sobre el Río Colorado, ahí se encontraban unidos los puntos X y Y, (mostrados en la figura) en el área de Parla Plateau, además de otros que se desvanecen hacia el oeste, que lograban formar una superficie relativamente plana y lisa. Este hueco enorme que se fue formando lentamente al irse separando las dos paredes de la fractura, se fue rellenando con sedimento que era alimentado por el agua que lo cubría.

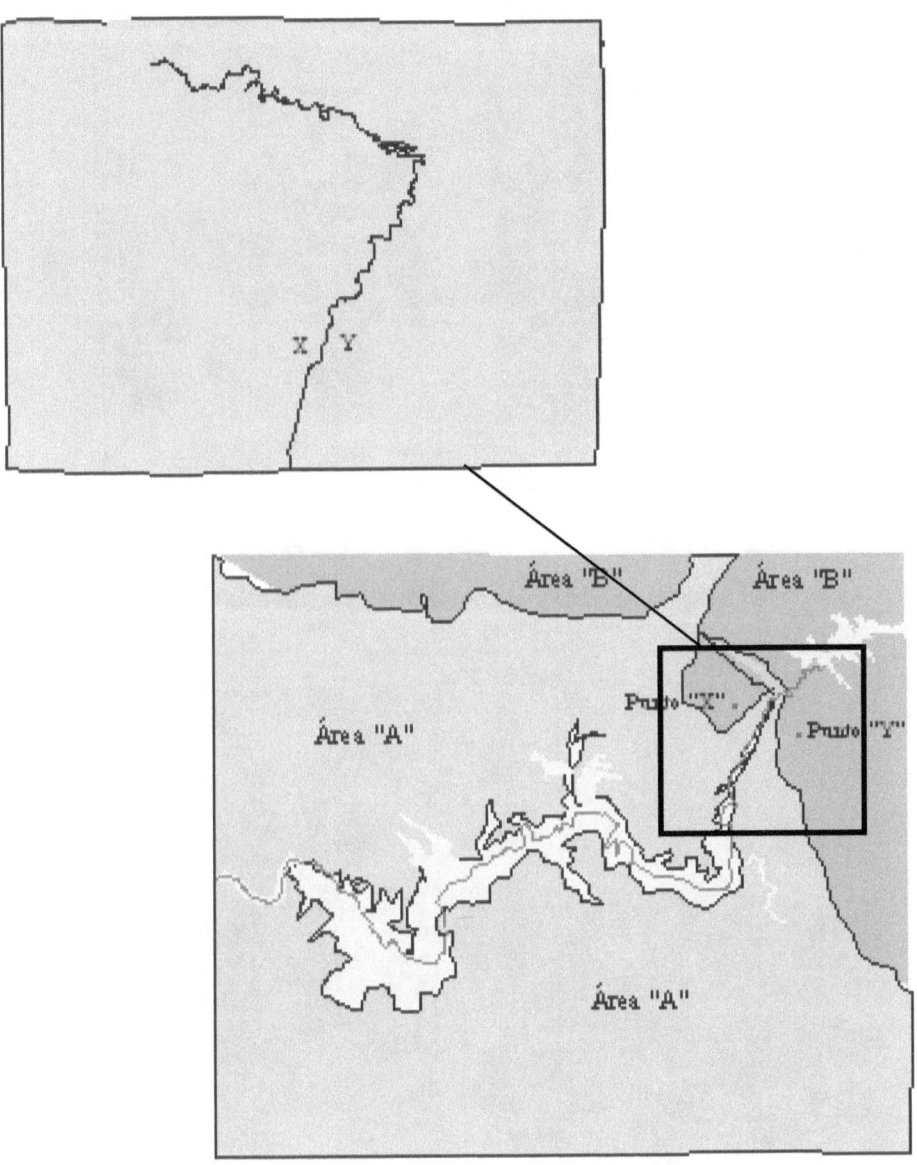

Figura 1.- Zona referida

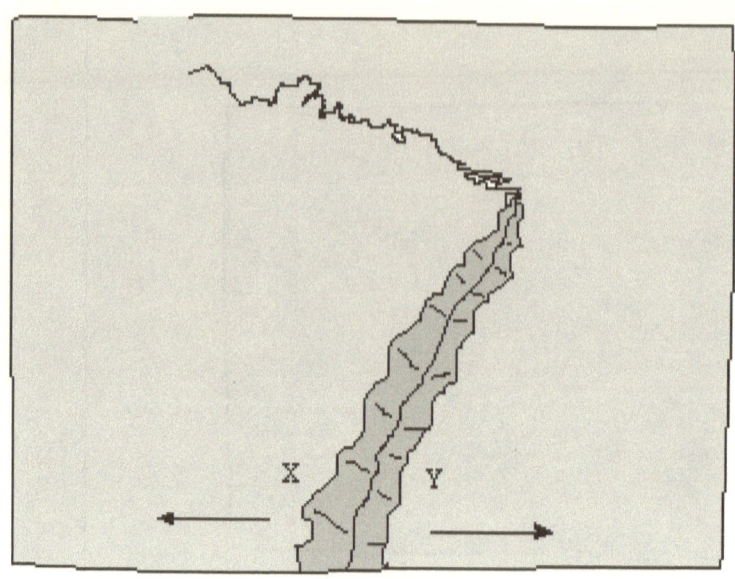

*Fig. 2 - Otra fase de la sección de la formación del cañón,
la distancia entre las dos orillas se va ampliando*

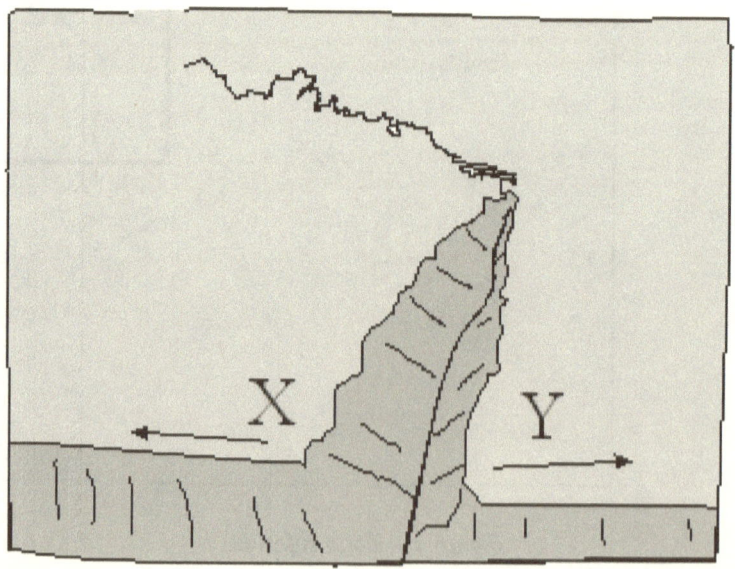

Figura 3.- ... y la fractura se hace más y más amplia y profunda

Las lecturas de la elevación de los diferentes puntos que rodean y siguen al curso del río, nos revelan que cerca del nacimiento del río las altitudes son negativas en cuanto a la dirección de la corriente, es decir, la altura donde inicia el río, en la parte Este del cañón que cubre a éste, es menor que la altura donde entra a lo que llamamos propiamente el Gran Cañón. Este solo hecho es un impedimento poderoso para aceptar la teoría del río creando al cañón ya que jamás podría la corriente del río correr en el sentido que ahora lo hace. Por supuesto que bien podríamos argumentar que esas alturas que son contradictorias para la formación del cañón son producto de las elevaciones posteriores que fueron producidas cuando ya el cañón estaba formado.

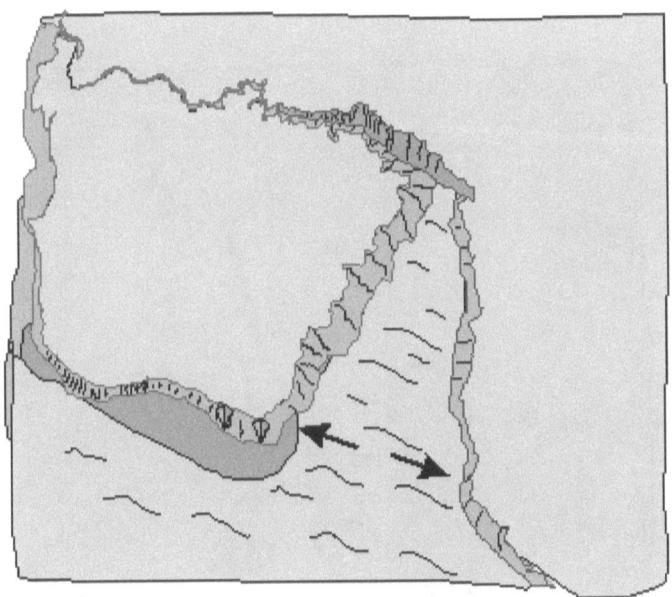

Figura 4.- La fractura se rellena de sedimento.

Esta fractura múltiple, que ocurre estando cubierta por un manto de agua, origina que los sedimentos acarreados por esta agua rellenen las fracturas y que se formen nuevas capas rocosas, debido a la presión ejercida por el agua sobre los escombros. La misma elevación persistente del terreno ocasiona que las fracturas existentes vayan ampliando la distancia que hay entre sus paredes y, al mismo tiempo, que estas fracturas se hagan más profundas. Es relativamente fácil visualizar hasta dónde se logró rellenar de sedimento antes de que ocurriera la siguiente fractura. Es por eso que las paredes del cañón se ven escalonadas. Ese es el verdadero origen del Gran Cañón del Colorado y no la supuesta erosión causada por el río. No deja de sorprenderme el que se menciona reiteradamente la elevación del terreno pero no se le atribuye a esa elevación absolutamente ninguna cuarteadura, ninguna fractura, como si el terreno fuese elástico.

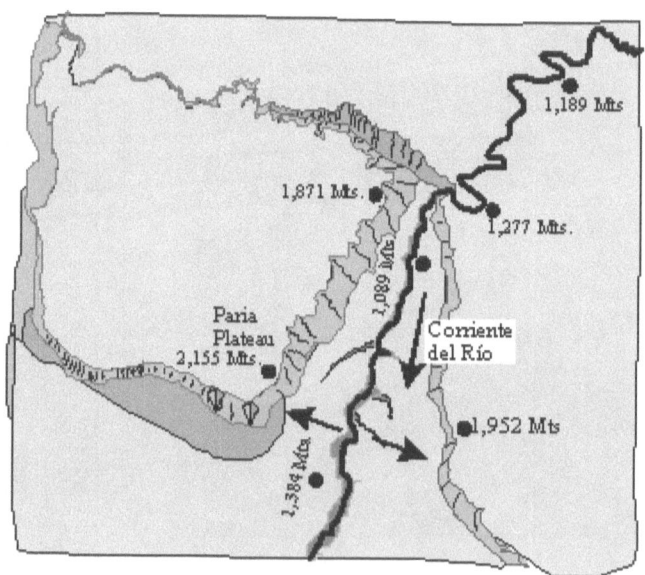

Figura 6.- El sedimento se resquebraja, dando lugar al nacimiento del Gran Cañón y permitiendo que el río se deslice por su cauce. Las dimensiones están dadas en metros sobre el nivel del mar.

Desde mi punto de vista, la tendencia natural que tienen los ríos de azolvarse, es lo que impide que éstos hagan más profundo su cauce. En realidad, podemos darnos cuenta que los ríos poco hacen por erosionar el suelo. De alguna forma los muchos programas y documentales relativos a la naturaleza nos hacen ver que el agua de los ríos pasa sobre la gravilla sin perturbarla en absoluto, ni siquiera a la arenilla, como ignorándola. Sin embargo, cuando alguna perturbación sucede, tan pronto pasa el motivo de ésta, la arenilla y todo el material se vuelve a sedimentar, manteniendo el seno del río prácticamente inalterado.

Insistimos en forma obstinada que los cañones fueron ríos, insistimos en que el ver canales en Marte es señal inequívoca de la antigua existencia de agua en forma de ríos. Resulta paradójico que se acepta en forma unánime que el terreno que ocupa el Gran Cañón ha tenido elevaciones sucesivas, pero nadie ha podido visualizar los otros efectos directos y colaterales que ese fenómeno ocasiona. Es por eso que, reitero, tengo la sensación de ser un predestinado, aún cuando yo no creo en el destino. ¿Qué es lo que ha ocurrido para que los demás dejen de ver algo que, para mí, es totalmente obvio, claro, diáfano, prístino, evidente…? ¿o será totalmente lo contrario?

La figura 6 muestra una imagen simbólica de la fractura que dio origen al Gran Cañón del Colorado.

Esta figura muestra el ensanchamiento de un área, pero existen muchos indicios de que el ensanchamiento fue simultaneo en muchas áreas colindantes, ese es el motivo por el que tantos cañones del lugar lucen muy parecidos.

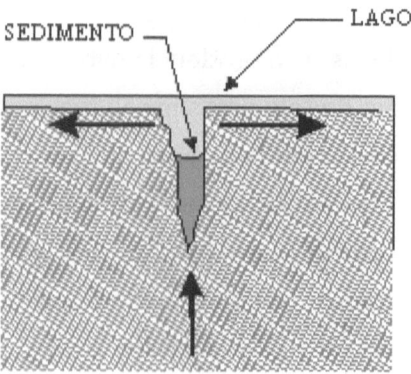

Fig. a

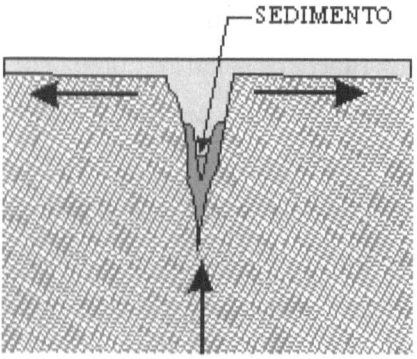

Fig.- b

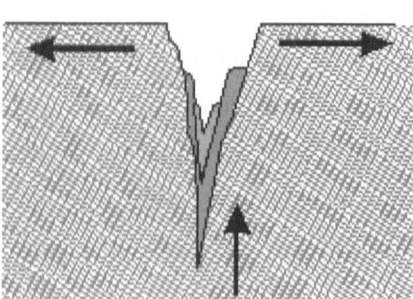

Fig.- c

Las figuras: a, b y c muestran las diferentes fases de la formación del Cañón del Colorado hasta la fecha, en que toda el agua ha sido desalojada.

La imagen que me hace afirmar que el Cañón se formó por la elevación del terreno originando numerosas fracturas, es la imagen que se ve en el Fern Glenn Canyon. Este Fern Glenn Canyon es un cañón relativamente pequeño que corta transversalmente al cauce del río, la profundidad de este cañón es exactamente igual a la profundidad del cañón que conduce al río, pero nada, absolutamente nada, pudo haberlo erosionado a esas dimensiones, ya que sus extremos se encuentran cerrados, impidiendo cualquier corriente de importancia.

En el lugar donde se cruzan estos dos cañones se observa que el nivel del río coincide con el lecho del cañón transversal, lo que viene a demostrar, de manera definitiva, que el factor erosivo del río sobre su cauce es, prácticamente: nulo, cero, nada...

Y es nulo, porque si nos avocamos a hechos prácticos y aducimos que el cañón trasversal se formó, que forzosamente debió hacerlo al mismo tiempo que el que conduce al río, hace unos cien mil años, y calculábamos la formación del Gran Cañón en cinco millones de años, con una profundidad de 1,600 metros, el resultado nos da 1 milímetro de erosión cada 3 años, aproximadamente. Esto quiere decir que el lecho del río debería estar, al menos, 33 metros más abajo del lecho del cañón transversal, cosa que no sucede. La lluvia, por sí sola, puede tener una mayor capacidad de erosión que los ríos.

De acuerdo a mis observaciones, prácticamente todo el cauce del Río Colorado fue formado por una fractura, incluyendo la parte donde se encuentra la Presa Hoover, tal vez sería conveniente pensar si la situación de esta presa y las otras que se encuentran sobre el cauce del río no están en una condición precaria, si es que el terreno sigue elevándose, como parece ser, con el consiguiente ensanchamiento del cauce. Por supuesto que no me gustaría que sucediera una catástrofe sólo para confirmar la validez de mi afirmación, aunque muy posiblemente nosotros mismos terminemos con nuestro planeta antes que se vuelva a producir un ensanchamiento significativo del cañón.

Como consecuencia de lo anterior expuesto puedo afirmar, incluso categóricamente, que el Rio Colorado no hizo al Gran Cañón, que por el contrario, el Gran Cañón hizo al río. De hecho, todos los cañones proporcionan los medios para que el agua, en forma de ríos, discurra por su cauce.

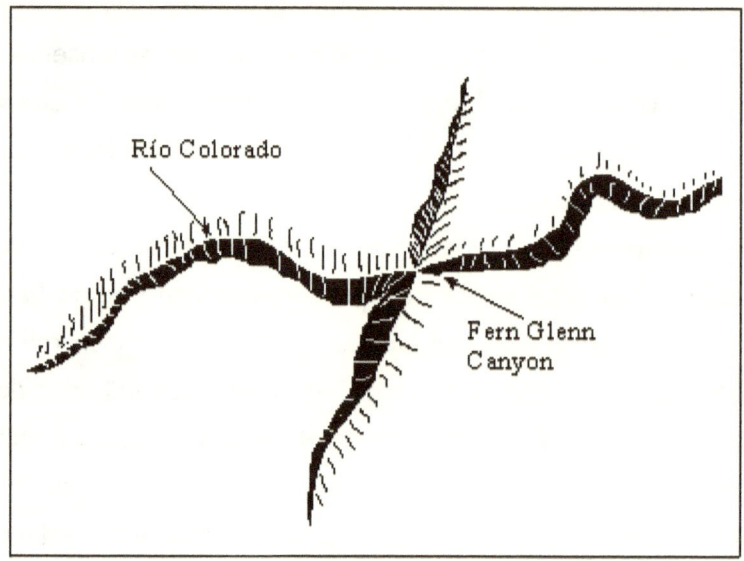

Figura 7.- *En el Fern Glenn Canyon el cañón que corta transversalmente al cañón que conduce al río tiene sus mismas características de profundidad.*

Cada que veo una imagen completa del Gran Cañón, me imagino una flor desplegando sus pétalos. Naturalmente, esto también aplica para el Gran Valle del Rift, en África.

EL VALLE DE YOSEMITE

El **Parque Nacional de Yosemite** se ubica a aproximadamente 320 km al este de San Francisco, en el Estado de California, Estados Unidos.

El parque cubre un área de 3,081 km² y se extiende a través de las laderas orientales de la cadena montañosa de Sierra Nevada (Estados Unidos). Es visitado por más de 3 millones de personas cada año, y la gran mayoría sólo recorre la parte del *valle Yosemite*. Fue nombrado *Patrimonio Mundial de la Humanidad* en 1984 y es reconocido internacionalmente por sus acantilados de granito, saltos de agua, ríos cristalinos, bosques de secuoyas gigantes y la gran diversidad biológica (cerca del 95% del área del parque está denominada *zona salvaje*). Fue el primer parque dispuesto por el gobierno federal de los Estados Unidos y a través del trabajo de personas como John Muir fue un punto relevante en el desarrollo de la idea de parques nacionales.

Yosemite es uno de los hábitats más grandes y menos fragmentado en Sierra Nevada, y posee una gran diversidad de plantas y animales. El parque tiene en promedio una elevación de 600 a 4000 metros y contiene cinco zonas principales de vegetación: área boscosa de robles, vegetación de baja montaña, vegetación de alta montaña, vegetación subalpina y vegetación alpina. De las 7.000 especies de plantas de California, cerca del 50% se encuentran en Sierra Nevada, y más del 20% dentro del Parque Yosemite.

La formación geológica del área es de rocas de granito y remanentes de rocas más antiguas. Hace aproximadamente 10 millones de años atrás, Sierra Nevada sufrió una elevación y luego fue inclinada hasta formar las laderas relativamente suaves del oeste y las laderas más pronunciadas del este. La elevación acentuó el grado de inclinación de los ríos y arroyos, formando cañones angostos y profundos. Hace un millón de años atrás, la nieve y el hielo se acumuló formando glaciares en los prados alpinos más elevados y movieron hacia abajo los valles de los ríos. El movimiento descendente de la masa de hielo cortó y esculpió el valle en forma de U que atrae hoy en día a gran cantidad de visitantes por su particular paisaje.

Geografía

El parque se encuentra ubicado en el centro de Sierra Nevada, California. Yosemite se encuentra rodeado de áreas vírgenes: Ansel Adams al sudeste, Hoover al noreste y Emigrant al norte.

Rocas y erosión

Casi todas las formaciones rocosas de la zona de Yosemite son de roca granítica del batolito de Sierra Nevada. Cerca del 5% del parque (en el margen este, cerca del monte Dana) hay formaciones procedentes del metamorfismo de rocas volcánicas y sedimentos.

La erosión sufrida sobre diferentes tipos de elevaciones y sistemas de fracturas es la responsable de la creación de valles, cañones, lomadas y otras características que se ven hoy en día. La separación entre las fracturas y coyunturas es amplia, debido a la cantidad de dióxido de silicio presente en el granito y las rocas.

Los pilares y columnas, como la columna Washington y Flecha Perdida fueron creadas por junturas cruzadas. La erosión sobre las junturas es la responsable de la creación de los valles y de los cañones. La única fuerza más erosiva de los últimos millones de años han sido los grandes glaciares, que ha cambiado la forma de los valles creados por el curso de los ríos en forma de V a cañones de formación glaciar en forma de U.

Los sistemas del río Tuolumne y del río Merced se originan en Sierra Nevada y han creado cañones de 900 a 1200 metros de profundidad. El río Tuolumne drena en la parte norte del parque, en un área de aproximadamente 1,760 km². El río Merced se origina en los picos del sudeste del parque, principalmente en las cadenas montañosas de Catedral y Clark.

Los procesos hídricos, incluyendo la glaciación, inundación y acción fluvial han sido fundamentales en la creación de los paisajes del parque. El lugar también posee cerca de 3,200 lagos, dos reservorios de agua y 2,700 km de arroyos.

Los humedales se encuentran en la base de los valles, y generalmente se encuentran hidrológicamente conectados con los ríos y lagos cercanos a través de las inundaciones temporales y el movimiento de aguas subterráneas. Los hábitats de la pradera, distribuidos a una elevación de 900 a 3,500 metros, son generalmente humedales.

Existen numerosas formaciones rocosas en el parque que permiten la existencia de saltos de agua, especialmente durante los meses de abril, mayo y junio, cuando se derrite la nieve. Las cataratas de Yosemite, con 782 m son las más altas de América del Norte y las terceras del mundo.

También en el valle, se encuentran las cataratas Ribbon, con un volumen de agua inferior, es el salto vertical más alto (492 m).

Los glaciares que se encuentran en el parque son relativamente pequeños, y ocupan zonas que se encuentran en sombra casi permanente. El glaciar Lyell es el más grande de Sierra Nevada, ocupando 65 hectáreas. Ninguno de los glaciares de Yosemite son remanentes de los inmensos glaciares de la Era de Glaciación, responsables de la formación del paisaje del lugar. Ellos se formaron durante uno de los episodios de neo-glaciación que tuvieron lugar después del derretimiento de la gran glaciación. El calentamiento global ha reducido el número y tamaño de los glaciares de todo el mundo. Muchos de los glaciares de Yosemite, incluyendo al Merced, que fue descubierto por John Muir en 1871 y reforzó su teoría del origen glaciar del área, han desaparecido, y muchos de los que aún permanecen han perdido el 75% de su área de superficie. (*Geology of U.S. Parklands*, page 228).

Clima

El área del parque tiene un clima mediterráneo, por lo que las precipitaciones normalmente suceden durante el suave invierno y el resto de las estaciones son bastante secas (las precipitaciones durante los calurosos meses de verano son menores a un 3%). Las precipitaciones aumentan con la elevación del terreno, hasta los 2,400 metros, a partir de donde comienzan a decrecer hasta la cima. La cantidad de lluvia varía desde 915 mm a los 1,200 metros de altura hasta los 1,200 mm a los 2,600 metros de altura. La nieve por lo general no persiste en el suelo hasta noviembre, pero se acumula a lo largo de todo el invierno y permanece hasta fines de marzo o comienzos de abril.

La temperatura desciende a medida que aumenta la elevación del terreno. Las temperaturas extremas son moderadas debido a que Yosemite se encuentra a sólo 160 km del océano Pacífico. Un centro anticiclónico situado en la costa de California durante el verano, provee de masas de aire fresco a Sierra Nevada, lo que proporciona un aire seco y limpio al área de Yosemite.

La temperatura diaria promedio oscila entre los -3.9 y los 11.5 °C en la zona de Tuolumne, a 2,600 m. En la entrada del sur, cerca de Wawona (en donde la elevación es de 1,887 m) el promedio es de 2.2 a 19.4 °C. En las elevaciones menores a 1,525 m, las temperaturas son más cálidas: en el valle Yosemite varían de 7.8 a 32.2 °C. En las zonas de altura superior a los 2,440 metros, las temperaturas del verano caluroso y seco son atenuadas por frecuentes tormentas de verano. La combinación de vegetación seca, relativa baja humedad y las tormentas eléctricas resultan en frecuentes incendios provocados por rayos.

Atractivos y actividades para visitantes

El valle de Yosemite representa tan sólo el 1% del área del parque, pero es el lugar donde llegan y permanecen la mayoría de los visitantes. *El Capitán*, un prominente acantilado de granito que se vislumbra sobre el valle, es uno de los destinos más populares del mundo entre los que practican escalada en roca, debido a sus diferentes grados de dificultad y numerosas rutas de ascenso establecidas, además de ser accesible durante todo el año.

El parque posee tres bosques de añejos árboles de sequoias gigantes (*Sequoiadendron giganteum*): el *bosque Mariposa* (200 árboles) el *bosque Tuolumne* (25 árboles) y el *bosque Merced* (20 árboles). Las sequoias gigantes son uno de los árboles más altos y de mayor longevidad en el mundo.

- El texto está disponible bajo la <u>Licencia Creative Commons Atribución Compartir Igual 3.0</u>

CAPÍTULO 4

EL GLACIAR NO HIZO AL VALLE DE YOSEMITE

Durante muchos años, al inicio del Siglo XX, existió la polémica de la formación del Valle de Yosemite. En esa época existían alrededor de una docena de posibles teorías. La polémica más fuerte se centraba por la forma plana o cuadrada del valle, lo que originaba la duda de que un río lo hubiera formado, pues por lo regular, se afirmaba y se afirma, que los ríos forman su cauce en forma de "V" y no en forma de "U". Una teoría sustentada por Josiah Whitney sugería que toda una porción de terreno, el que ahora forma el valle, había colapsado originando esa formación. Otra teoría mencionaba que un terremoto había separado los bloques de granito.

La otra teoría, presentada por John Muir sugería que un glaciar, como se menciona en párrafos anteriores, fue el formador del valle. Esta es la teoría más aceptada hasta la fecha.

Como se habrán dado cuenta, en el texto de la teoría tradicional, se descartaron totalmente la teoría del colapso del terreno y la del terremoto con la separación de los bloques de granito. De acuerdo a mis investigaciones y observaciones el origen del Cañón de Yosemite es **muy similar al origen del Gran Cañón del Colorado**. Es decir, al sufrir la corteza terrestre sucesivas elevaciones dio origen a múltiples fracturas como consecuencia del "Efecto Pastel".

Pues bien, esa fractura terrestre seccionó esos grandes bloques de granito que son los que ahora vemos. Entre esos grandes bloques de granito se encuentra "El Capitán", que es emblemático en el valle de Yosemite y el "Half Dome", sobre todo mantiene intrigados a todos los geólogos la forma redonda del domo y, más que nada, la posición en que se encuentra.

Se puede deducir que el espacio que dejó la fractura se rellenó de los mismos escombros que se desprendieron al fracturarse y de algunos otros escombros que fueron arrastrados por las lluvias y deshielos, principalmente.

Igual que en el Gran Cañón, aún me sorprende por qué, si se admite que la Sierra Nevada sufrió una elevación y luego fue ladeada hasta formar unas laderas más inclinadas, no le puedan atribuir a esa misma fuerza, que forzó la elevación y la inclinación, la fractura de la tierra que dio origen a la formación del Valle de Yosemite. Me da la impresión de que se admite que se modifica drásticamente el panorama terrestre pero al mismo tiempo queremos pensar que se hace de una manera totalmente dulce y delicada, sin la más leve perturbación.

Del mismo modo, me parece que tenemos la tendencia a atribuirle demasiados poderes al viento y al agua. Es indudable que tienen grandes poderes, pero no en la medida que se los damos en muchísimas ocasiones, damos por hecho que los valles y los cañones fueron formados por ríos y arroyos cuando en verdad deberíamos decir que los ríos, arroyos y glaciares corren por cañones o senderos que ha formado la tierra.

En el caso del Valle de Yosemite, se dice, como se menciona anteriormente, que "hace un millón de años atrás, la nieve y el hielo se acumuló formando glaciares en los prados alpinos más elevados y movieron hacia abajo los valles de los ríos. El movimiento descendente de la masa de hielo cortó y esculpió el valle en forma de U que atrae hoy en día a gran cantidad de visitantes por su particular paisaje". No debemos olvidar que los glaciares son masas sólidas y que sus caras laterales se encuentran incrustadas entre las hendiduras de los valles y otros accidentes terrestres, limitando grandemente el movimiento libre de dichos glaciares y limitando igualmente la erosión que podrían ocasionar. Naturalmente que en el proceso de deshielo algunos bloques aislados de algún tamaño considerable pudieran desprenderse y causar algunos daños o modificaciones al terreno, pero no actuando como un todo, en conjunto, sino sólo en bloques aislados, lo que disminuye el efecto erosivo. Hablamos de la erosión causada por los glaciares como si éstos estuvieran hechos de alguna masa gelatinosa que pudiera reptar sobre el terreno.

De nuevo, vuelvo a insistir, hemos abusado en adjudicarle poderes excesivos al agua, hielo y viento. Es indudable que pueden modificar de alguna manera el entorno, e incluso influir de manera muy importante en la vida a lugares muy distantes unos de otros, como las tormentas de arena que van del Sahara hacia el Caribe, pero esas son cosas absolutamente diferentes a como las hemos querido aceptar, adaptar e implantar unilateralmente.

Hemos soslayado olímpicamente el poder de la tierra. Debemos empezar a darle el crédito que merece la fuerza de Nuestra Madre Tierra. Los montes, las colinas, los cañones, las cordilleras… no las hace el viento ni los ríos, las hace la misma fuerza de la tierra. Eso es algo que, por algún motivo desconocido, tenemos la tendencia a ignorar.

Ni siquiera es necesario observar detenidamente para darnos cuenta que la cara de la roca de granito da la impresión de haber sido cortada con un cuchillo gigante, dejando, incluso, una orilla relativamente filosa, es indudable que un corte de esas características sería imposible las ocasionara un glaciar.

En síntesis, mi afirmación categórica es que el glaciar no hizo al Valle de Yosemite sino que el Valle fue formado por una fractura ocasionada por la elevación del terreno y este valle simplemente le dio alojamiento al glaciar, que, al igual que los ríos, poco efecto erosivo tienen.

CAPÍTULO 5

TECTÓNICA DE PLACAS
LA TEORÍA TRADICIONAL

De Wikipedia, la enciclopedia libre

La teoría tradicional de la **tectónica de placas** (del griego τεκτων, *tekton*, "el que construye") es una teoría geológica que explica la forma en que está estructurada la litosfera (la porción externa más fría y rígida de la Tierra). La teoría da una explicación a las placas tectónicas que forman la superficie de la Tierra y a los desplazamientos que se observan entre ellas en su deslizamiento sobre el manto terrestre fluido, sus direcciones e interacciones. También explica la formación de las cadenas montañosas (orogénesis). Así mismo, da una explicación que se considera satisfactoria de por qué los terremotos y los volcanes se concentran en regiones concretas del planeta (como el cinturón de fuego del Pacífico) o de por qué las grandes fosas submarinas están junto a islas y continentes y no en el centro del océano.

Las placas tectónicas, se menciona, que se desplazan unas respecto a otras con velocidades de 2,5 cm/año lo que es, aproximadamente, la velocidad con que crecen las uñas de las manos. Dado que se desplazan sobre la superficie finita de la Tierra, las placas interaccionan unas con otras a lo largo de sus fronteras o límites provocando intensas deformaciones en la corteza y litosfera de la Tierra, lo que ha dado lugar a la formación de grandes cadenas montañosas (verbigracia los Andes y Alpes) y grandes sistemas de fallas asociadas con éstas (por ejemplo, el sistema de fallas de San Andrés). El contacto por fricción entre los bordes de las placas es responsable de la mayor parte de los terremotos. Otros fenómenos asociados son la creación de volcanes (especialmente notorios en el cinturón de fuego del océano Pacífico) y las fosas oceánicas.

Placas existentes

Éstas, junto a otro grupo más numeroso de placas menores se mueven unas contra otras. Se han identificado tres tipos de bordes: convergente (dos placas chocan una contra la otra), divergente (dos placas se separan) y transformante (dos placas se deslizan una junto a otra).

La teoría de la tectónica de placas se divide en dos partes, la de deriva continental, propuesta por Alfred Wegener en la década de 1910, y la de expansión del fondo oceánico, propuesta y aceptada en la década de 1960, que mejoraba y ampliaba a la anterior. Desde su aceptación ha revolucionado las ciencias de la Tierra, con un impacto comparable al que tuvieron las teorías de la gravedad de Isaac Newton y Albert Einstein en la Física o las leyes de Kepler en la Astronomía.

Origen de las placas tectónicas

Se piensa que su origen se debe a corrientes de convección en el interior del manto terrestre, en la capa conocida como astenosfera, las cuales fragmentan a la litosfera. Las corrientes de convección son patrones circulatorios que se presentan en fluidos que se calientan en su base. Al calentarse la parte inferior del fluido se dilata. Este cambio de densidad produce una fuerza de flotación que hace que el fluido caliente ascienda. Al alcanzar la superficie se enfría, desciende y se vuelve a calentar, estableciéndose un movimiento circular auto-organizado. En el caso de la Tierra se sabe, a partir de estudios de **reajuste glaciar**, que la astenosfera se comporta como un fluido en escalas de tiempo de miles de años y se considera que la fuente de calor es el núcleo terrestre. Se estima que éste tiene una temperatura de 4,500 °C. De esta manera, las corrientes de convección en el interior del planeta contribuyen a liberar el calor original almacenado en su interior, que fue adquirido durante la formación de la Tierra.

Así, en zonas donde dos placas se mueven en direcciones opuestas (como se cree es el caso de la placa Africana y de Norteamérica, que se separan a lo largo de la cordillera del Atlántico) las corrientes de convección forman nuevo piso oceánico, caliente y flotante, formando las cordilleras meso-oceánicas o centros de dispersión. Conforme se alejan de los centros de dispersión las placas se enfrían, tornándose más densas y hundiéndose en el manto a lo largo de zonas de subducción, donde el material litosférico es fundido y reciclado.

Una analogía frecuentemente empleada para describir el movimiento de las placas es que éstas "flotan" sobre la astenosfera como el hielo sobre el agua. Sin embargo, esta analogía es parcialmente válida ya que las placas tienden a hundirse en el manto como se describió anteriormente

Antecedentes históricos

La tectónica de placas tiene su origen en dos teorías que le precedieron: la teoría de la deriva continental y la teoría de la expansión del fondo oceánico.

La primera fue propuesta por Alfred Wegener a principios del siglo XX y pretendía explicar el intrigante hecho de que los contornos de los continentes ensamblan entre sí como un rompecabezas y que éstos tienen historias geológicas comunes. Esto sugiere que los continentes estuvieron unidos en el pasado formando un súper-continente llamado Pangea (en idioma griego significa "todas las tierras") que se fragmentó durante el período Pérmico, originando los continentes actuales. Esta teoría fue recibida con escepticismo y eventualmente rechazada porque el mecanismo de fragmentación (deriva polar) no podía generar las fuerzas necesarias para desplazar las masas continentales. -Las placas se mueven y causan terremotos-. La teoría de expansión del fondo oceánico fue propuesta hacia la mitad del siglo XX y está sustentada en observaciones geológicas y geofísicas que indican que las cordilleras meso-oceánicas funcionan como centros donde se genera nuevo piso oceánico conforme los continentes se alejan entre sí. Esto fue propuesto por John Tuzo Wilson.

La teoría de la tectónica de placas fue forjada principalmente entre los años 50 y 60 y se le considera la gran teoría unificadora de las Ciencias de la Tierra, ya que explica una gran cantidad de observaciones geológicas y geofísicas de una manera coherente y elegante. A diferencia de otras ramas de las ciencias, su concepción no se le atribuye a una sola persona como es el caso de Isaac Newton o Charles Darwin. Fue producto de la colaboración internacional y del esfuerzo de talentosos geólogos (Tuzo Wilson, Walter Pitman), geofísicos (Harry Hammond Hess, Allan V. Cox) y sismólogos (Linn Sykes, Hiroo Kanamori, Maurice Ewing), que poco a poco fueron aportando información acerca de la estructura de los continentes, las cuencas oceánicas y el interior de la Tierra.

Límites de placas

Son los bordes de una placa y es aquí donde se presenta la mayor actividad tectónica (seísmos, formación de montañas, actividad volcánica), ya que es donde se produce la interacción entre placas. Hay tres clases de límite:

- **Divergentes**: son límites en los que las placas se separan unas de otras y, por lo tanto, emerge magma desde regiones más profundas (por ejemplo, la dorsal mesoatlántica formada por la separación de las placas de Eurasia y Norteamérica y las de África y Sudamérica).
- **Convergentes**: son límites en los que una placa choca contra otra, formando una zona de subducción (la placa oceánica se hunde bajo de la placa continental) o un cinturón orogénico

(si las placas chocan y se comprimen). Son también conocidos como "bordes activos".

- **Transformantes**: son límites donde los bordes de las placas se deslizan una con respecto a la otra a lo largo de una falla de transformación.

En determinadas circunstancias, se forman zonas de límite o borde, donde se unen tres o más placas formando una combinación de los tres tipos de límites.

Límite divergente o constructivo: las dorsales

Artículo principal: Borde divergente

Son las zonas de la litosfera en que se forma nueva corteza oceánica y en las cuales se separan las placas. En los límites divergentes, las placas se alejan y el vacío que resulta de esta separación es rellenado por material de la corteza, que surge del magma de las capas inferiores. Se cree que el surgimiento de bordes divergentes en las uniones de tres placas está relacionado con la formación de puntos calientes. En estos casos, se junta material de la astenosfera cerca de la superficie y la energía cinética es suficiente para hacer pedazos la litosfera. El punto caliente que originó la dorsal mesoatlántica se encuentra actualmente debajo de Islandia, y el material nuevo ensancha la isla algunos centímetros cada siglo.

Un ejemplo típico de este tipo de límite son las dorsales oceánicas (por ejemplo, la dorsal mesoatlántica) y en el continente las grietas como el Gran Valle del Rift.

Límite convergente o destructivo

Las características de los bordes convergentes dependen del tipo de litosfera de las placas que chocan.

- Cuando una placa oceánica (más densa) choca contra una continental (menos densa) la placa oceánica es empujada debajo, formando una zona de subducción. En la superficie, la modificación topográfica consiste en una fosa oceánica en el agua y un grupo de montañas en tierra.
- Cuando dos placas continentales colisionan (colisión continental), se forman extensas cordilleras formando un borde de obducción. La cadena del Himalaya es el resultado de la colisión entre la placa Indoaustraliana y la placa Euroasiática.
- Cuando dos placas oceánicas chocan, el resultado es un arco de islas (por ejemplo, Japón).

Límite transformante o conservativo

Artículo principal: Borde transformante

El movimiento de las placas a lo largo de las fallas de transformación puede causar considerables cambios en la superficie, especialmente cuando esto sucede en las proximidades de un asentamiento humano. Debido a la fricción, las placas no se deslizan en forma continua; sino que se acumula tensión en ambas placas hasta llegar a un nivel de energía acumulada que sobrepasa el necesario para producir el movimiento. La energía potencial acumulada es liberada como presión o movimiento en la falla. Debido a la titánica cantidad de energía almacenada, estos movimientos ocasionan terremotos, de mayor o menor intensidad.

Un ejemplo de este tipo de límite es la falla de San Andrés, ubicada en el Oeste de Norteamérica, que es una de las partes del sistema de fallas producto del roce entre la placa Norteamericana y la del Pacífico.

Medición de la velocidad de las placas tectónicas

La velocidad actual de las placas tectónicas se realiza mediante medidas precisas de GPS. La velocidad pasada de las placas se obtiene mediante la restitución de cortes geológicos (en corteza continental) o mediante la medida de la posición de las inversiones del campo magnético terrestre registradas en el fondo oceánico.

- El texto está disponible bajo la <u>Licencia Creative Commons Atribución Compartir Igual 3.0</u>

CAPÍTULO 6

LA TEORÍA EQUIVOCADA
DE LAS PLACAS TECTÓNICAS

Desde tiempos inmemoriales, la misma naturaleza humana nos ha impulsado, casi podría decir que nos ha forzado, a tratar de descubrir nuestros orígenes; desde el origen de la humanidad hasta el origen del universo. Incluso nos ha llevado a predecir nuestro posible final.

Muchas han sido las historias míticas que se han extendido a través de los siglos y las culturas. Bien hubiera sido por nuestra innata proclividad al miedo a lo desconocido, a la ignorancia de la época o a nuestra propensión a crear mitos y leyendas, nuestra vida ha estado plagada de historias, algunas de ellas tiernas y sutiles y otras francamente absurdas. Sin embargo, como una manifestación de fervor religioso o nuestro intento inmediato de tratar de dar explicación a lo inexplicable podemos aceptar de muy buena gana dichas historias.

Recuerdo que cuando cursaba la escuela primaria, la hipótesis más aceptada en aquel entonces en relación al origen del sistema solar era la del físico, matemático y astrónomo francés Pierre Simon, marqués de Laplace, la cual proponía que el sistema solar habría surgido de una nebulosa en rotación y que al pasar una estrella cerca del Sol, la proximidad y atracción de esta estrella, le cortó algunas secciones a la masa del Sol y que estas secciones, al enfriarse, se convirtieron en los actuales planetas del sistema solar. Hoy en día la hipótesis de Laplace ha desaparecido totalmente de los libros de texto y su nombre, tristemente, ni siquiera es mencionado.

Después de algunas observaciones y análisis he llegado a unas conclusiones, conclusiones que me impulsan a hacer esta declaración temeraria: **las Placas Tectónicas no existen.**

Todo este planteamiento esquemático de la existencia de las Placas Tectónicas no da cuenta de la complejidad que reviste el contestar las interrogantes que surgen para comprobar su comportamiento, o más que su comportamiento, su existencia.

Esa teoría de las Placas Tectónicas y de la deriva continental me parece tan absurda como la historia mítica de la Tierra sostenida sobre el lomo de cuatro elefantes y parados éstos sobre una tortuga. Por más que la teoría de la Tectónica de Placas es considerada como la que explica una gran cantidad de observaciones geológicas y geofísicas de una manera *coherente* y *elegante*, a mí me parece de lo más absurda y, desgraciadamente, ridícula.

El primer cuestionamiento que habría que resolver es: si se considera que la presión interna de la Tierra causó que la corteza se fracturara, ¿dicha fractura se originó de manera violenta o paulatina? Podríamos asumir que la presión ejercida por el magma de la Tierra es similar a la que ejerce el agua al congelarse; ahora bien, si el congelamiento del agua es súbito, como el que se obtiene al sumergir una esfera de hierro llena de agua en un baño de nitrógeno líquido, el resultado es una explosión violenta que destruye la esfera de hierro, pero si el congelamiento es paulatino, como el que encontramos al introducir la misma esfera de hierro llena de agua, al congelador de un refrigerador doméstico, el resultado sería algún par de fracturas, como consecuencia del alivio de la presión al romperse, evitando roturas numerosas. No creo que pudiera haber partes intermedias entre estos dos escenarios. Entonces ¿Cuál de estos dos sería?

Ahora, supongamos que llegamos a una conclusión y que damos por hecho que la corteza se seccionó tal como lo explica la actual teoría; en varias secciones, pero… mover una placa tectónica de su lugar es tan difícil, con todas las proporciones guardadas, como mover una pieza de un rompecabezas sin levantarla de su lugar. Creo que ese simple supuesto viene a echar por tierra dicha teoría, y al descartar esta teoría también descarta la teoría de la deriva continental.

Otra afirmación que debería obstaculizar la adopción de la teoría de las Placas Tectónicas es el que las Placas Tectónicas no se mantienen como hielos en el agua porque las placas supuestamente tienden a hundirse, pero, si esto es así, entonces: ¿que las sostiene, puesto nada las tiene afianzadas en su lugar?

Una pregunta importante que surge es: ¿Son las Placas Tectónicas afectadas por la atracción del Sol y la Luna de la forma en que son afectadas las mareas? Si las placas están sostenidas sobre el magma semilíquido, ¿Sufrirán éstas algún cabeceo como los barcos en el océano?

Uno de los argumentos más fuertes de Wegener para justificar la deriva continental es que los bordes de los continentes tenían formas que encajaban, como un rompecabezas. Aparentemente, lo único que parece mostrar una justificación hacia este supuesto, es el perfil de la parte oriental de América del Sur con la parte occidental de África.

Siempre he pensado que ese supuesto ha tenido ocupados a los expertos de la misma forma que, en un tiempo, la sonrisa de La Gioconda hizo correr ríos de tinta y kilómetros de papel tratando de descifrar el misterio de la misma. Creo que nunca se podría encontrar la verdad absoluta del porqué de la sonrisa de La Gioconda, creo que nunca sabríamos si la sonrisa se debió a que estaba sosteniendo una flatulencia... pero sí se puede decir si la teoría de la deriva continental es cierta o equivocada. La teoría de las Placas Tectónicas nos indica que las placas son impulsadas por corrientes de convección, e incluso se ha estudiado y determinado la supuesta dirección y velocidad de las placas. En este punto me puedo preguntar si cada placa tiene su corriente de convección exclusiva y cómo éstas se pueden separar tan definida y eficientemente unas de otras, sin tener ninguna interferencia entre ellas.

A lo siguiente que no encuentro explicación es cómo es que la presión que existe en el fluido magmático, como lo observamos en las erupciones de los volcanes, no se escapa por los bordes de placa, por lo que, admitir que existen las placas tectónicas, tal como nos lo plantean, es como admitir que un neumático se puede cortar en secciones y que aún pueda seguir rodando sin perder el aire. Si bien explican ellos que dicho fluido se va solidificando a medida que se escapa, igual que la sangre va cerrando las heridas; pero la piel tiene algo que la sostiene, algo que las placas aparentemente no tienen, adicionalmente, ese aglutinamiento que se forma al enfriarse, ¿no forma alguna especie de cemento que impida que las placas se muevan?

A mediados de los ochentas, astrónomos de América y Europa dirigieron sus radiotelescopios a un mismo púlsar para medir la distancia entre ellos, dando como resultado una diferencia de unos pocos centímetros a lo largo de un año, a estos resultados ellos los consideraron una prueba irrefutable de la existencia de las placas tectónicas y que Europa se va alejando de América, algo que los geofísicos han sostenido por años.

Desgraciadamente, este experimento no prueba absolutamente nada sobre la existencia de las Placas Tectónicas, como nada prueban tampoco las mediciones actuales que se hacen con el sistema GPS. Estas mediciones lo que reflejan es que en algún lugar de la Tierra hubo algún cambio o movimiento, que bien pudo ser elevación o hundimiento y tal vez alguna ligera fractura o ensanchamiento ocasionada por estos fenómenos, es decir, el "Efecto Pastel".

Otro detalle adicional que, supuestamente, es prueba contundente de la existencia de las Placas Tectónicas, es la existencia de rocas sedimentarias en las cimas de las montañas, pero como puedo argumentar, esa acción la podemos trasladar a la elevación del terreno originada por causas diferentes a las originadas por las inexistentes Placas Tectónicas y, por el contrario, estas fueron causadas por el "Efecto Pastel".

El concepto de la subducción se creó para explicar cómo al irse creando el material litosférico en un extremo se va sumergiendo y disolviendo en el otro, considerando que se tiene que cumplir con el supuesto axioma de que la tierra es finita, es decir, que ésta tiene un volumen específico y que no puede variar.

Hoy en día se afirma que una Placa Tectónica transportando una capa continental fue la causante de la formación de la cordillera del Himalaya. Se asegura que la placa tectónica en cuestión se desplazaba a la vertiginosa velocidad de 15 centímetros al año. Por supuesto que geológicamente hablando esta velocidad se puede considerar elevada, y asumiendo, además, la velocidad a la que se desplazan las supuestas placas tectónicas.

Si ponemos todas estas variables en el plano de la vida común y suponemos que la velocidad del subcontinente indio fuera de 60 centímetros por hora, el desplazamiento equivaldría a la velocidad que se mueve el minutero de un reloj de 20 centímetros de diámetro. Diariamente los trenes se enganchan unos a otros a velocidades considerablemente mayores a 60 centímetros por hora sin que pase absolutamente nada. Naturalmente que si estos datos los pusiéramos en el contexto de dos planetas el resultado debería ser muy diferente.

La idea concluyente que tengo para la deriva continental es:

1.- Que los continentes están unidos firmemente a la superficie terrestre como un ente único y no que andan nadando sobre La Tierra como natas sobre la leche.

2.- Que posiblemente Pangea jamás existió y que mucho menos se separó para volverse a unir y después volver a separarse.

3.- Que la India jamás ha estado separada del lugar donde hoy se encuentra.

4.- Que los continentes, imaginariamente, pueden llegar a encajar, como un rompecabezas, tal y como se encuentran ahora pero no se ha considerado la teoría de que la parte central de Norteamérica y el norte de África estaban sumergidas bajo el agua al igual que gran parte de la superficie de los continentes, con lo cual se desvanece toda posibilidad de que encajen en concepto de rompecabezas que se le quiere adjudicar.

En primer lugar, cuando ocurre un hecho de subducción ¿se subduce una sección aislada de algunas decenas de kilómetros o es toda una cara de la placa? Si la placa de Nazca subduce bajo la placa de Sudamérica, ¿por qué sólo en un punto aislado ocurren los terremotos y no en todo el límite periférico, es decir, todo el derredor de la placa? La placa de Cocos, por citar un ejemplo, ¿se ve o no afectada ya que son contiguas? Aceptar la teoría de las Placas Tectónicas como estableció desde su concepción nos llevaría a suponer que toda la Tierra estaría en un terremoto constante e ininterrumpido ya que al mismo tiempo que hay subducción en una placa hay movimientos convergentes, divergentes y transformantes, todo al mismo tiempo, y una placa afectaría a todas las demás, de una forma u otra.

Esta misma teoría de la subducción nos dice que el esfuerzo acumulado por el rozamiento causado entre las placas es el causante de los sismos, y lo suponen gráficamente como aparece en la figura 2.

Supuestamente, el punto, ¿o debemos decir "puntos"? donde se tocan las placas en que ocurre la subducción la placa que se encuentra encima de la placa que subduce se ve obligada a plegarse y a deslizarse sobre la placa "subductora", al alcanzar un punto crítico la placa superior vence la tensión y la fricción, creándose un efecto de resorteo. De acuerdo a los expertos, este efecto de resorteo es la causa de los sismos y, consecuentemente, en algunos casos, de los tsunamis.

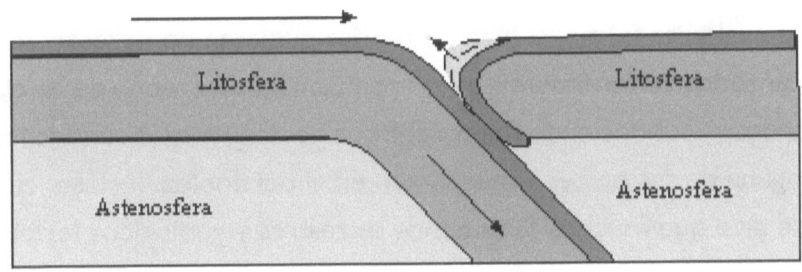

Figura 8.- Forma como se supone que subduce una placa.

Un gran problema que encuentro para aceptar esta teoría, es qué coeficiente de elasticidad le dan los geólogos a la tierra, o a las placas. Se dice que antes de subducir las placas se "doblan" ligeramente. Ahora me pregunto: ¿ y qué hace que se doblen; qué fuerzas, y cómo, son las que actúan para doblar estas placas?

No encuentro ninguna razón coherente o lógica que pudiera hacer doblar a las placas, y por lo tanto, no puedo razonar cuál será el mayor ángulo de doblez que puedan soportar las placas antes de romperse.

Dentro de mi consciente-sub consciente lo más que puedo otorgar como coeficiente de elasticidad a la tierra es la equivalente a una galleta salada, con el resultado abajo mostrado.

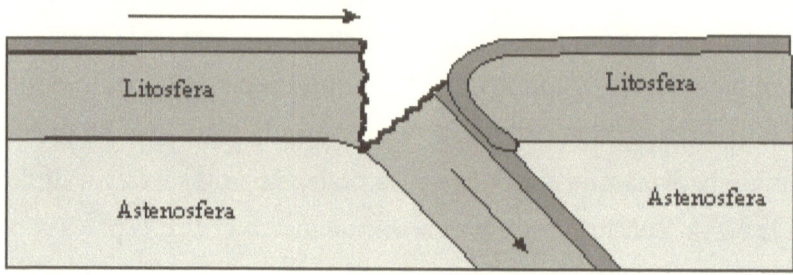

Fig. 9.- La realidad de la subducción de las Placas Tectónicas debería ser ésta, de ser esto posible.

De cualquier forma, si bien las teorías pudieran no necesariamente explicar todos los fenómenos que la conforman, esta teoría de las placas doblándose y subduciendo me parece que no tiene ningún sentido lógico en ninguna de sus partes y menos aún en el del doblez. Incluso, cuanto más se dice que muchos fenómenos terrestres y geológicos fortalecen la teoría de las placas tectónicas, siento que esos mismos fenómenos la debilitan más, bajo un análisis exhaustivo.

Naturalmente, yo mismo me hago la pregunta de por qué estoy haciendo este planteamiento, por qué no fue alguien como Einstein, por ejemplo, aunque el concepto de las Placas Tectónicas fue posterior a su muerte, pero... ¿y el del Cañón del Colorado? Definitivamente no creo que haya pensado que ese tema a nadie le importaba, aunque tal vez pudo llegar a pensar que la supuesta erosión causada por el río lucía demasiado evidente como para ponerla en duda.

Varios de mis amigos me han aconsejado que registre el término "Efecto Pastel" pero me doy cuenta que es bastante anodino, prosaico;

es necesario encontrar un término sustituto. "Orogénesis" es un buen término, la única dificultad es que no refleja el verdadero efecto o fuerzas que la conforman.

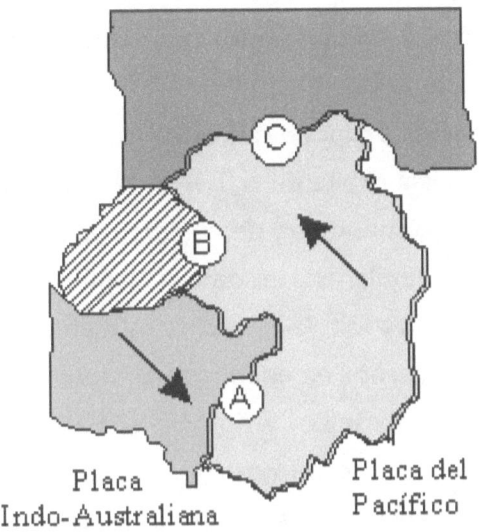

Figura 3

En la figura 3 vemos el supuesto movimiento de la Placa del Pacífico, ¿esto causaría que los puntos A, B y C, que corresponden aproximadamente a Nueva Zelanda, Filipinas y Japón, respectivamente, se vieran afectados simultáneamente, o sólo sería en algún punto aislado?

Como hemos visto, utilizando un razonamiento medianamente coherente, toda esta historia de las Placas Tectónicas difícilmente se la tragaría Caperucita Roja. Para mí, puede ser más creíble la expansión continua de la tierra que la idea absurda de las Placas Tectónicas. En todo caso, podemos suponer que la tierra está en proceso de crecimiento, posiblemente todavía no llegue a su estado adulto y por lo tanto sigue creciendo. Quizás, en algún momento tal vez no muy lejano, la tierra deje de crecer. Si consideramos que hasta la fecha la tierra sigue produciendo calor de acuerdo a las diferentes teorías, podemos suponer que el calor generado hace elevar la presión interna y que ésta, a su vez, produce el "Efecto Pastel", que ensancha la masa rompiendo la corteza, pero sólo la parte más externa. Bien podríamos decir que tal vez la tierra está "a medio cocer".

Si una teoría cósmica supone que el Sol irá aumentando de volumen hasta llegar a abarcar la órbita de la Tierra, bien podemos suponer que la tierra también irá aumentando de volumen ya que las reacciones del núcleo terrestre son similares a las del Sol, supuestamente.

Si acaso, a pesar de todo, la Tierra no está en expansión constante, tendremos que esforzarnos en encontrar el motivo por medio del cual se expande el fondo oceánico, y no sólo el fondo oceánico, sino los mismísimos continentes, como nos lo demuestra el Gran Cañón del Colorado, y que el volumen de la tierra permanece igual. Como lo expuse en el tema del Gran Cañón, es posible que, considerando el tema de las raíces levantando el cemento de las banquetas, se pueda explicar la forma en que se expande el fondo oceánico y que el volumen de la Tierra quede igual.

Como un dato curioso, tomando en cuenta la velocidad que le han asignado al supuesto desplazamiento de las Placas Tectónicas, el lugar donde impactó el asteroide que supuestamente terminó con la vida de los dinosaurios debería estar a 1,625 kilómetros de donde se encuentra ahora, ¿cuál debería de ser ese lugar inicial? Naturalmente, asumo que el lugar de la caída es donde ahora se encuentra, pero la incógnita sería cuál ha sido su derrotero y si la afectación fue solo en la masa continental o también se supondría haber afectado la Placa Tectónica.

Contrario a la aceptación que se ha hecho de la teoría de la Tectónica de Placas con un espíritu prácticamente dogmático, puedo decir, en conclusión, que el Gran Cañón del Colorado es el ejemplo "viviente" de cómo se forman las cordilleras, se expande el fondo oceánico y... se separan los continentes.

Créditos/Bibliografía

Google Earth

Wikipedia

History Channel/Historia de la Tierra

A Brief Story of Yosemite Valley/M. E. Beatty

How to study effectively/ Richard Freeman

www.ingramcontent.com/pod-product-compliance
Lightning Source LLC
Chambersburg PA
CBHW021903170526
45157CB00005B/1943